安全用电很简单

家庭用电这样才安全

广东省电力科普总队
珠海市电机工程学会 编

中国电力出版社
CHINA ELECTRIC POWER PRESS

内容提要

为增强大众的安全用电防范意识，了解更多的安全用电知识，放心用好安全电，更好地守护人们的生命财产安全，本书作者历时数月，编写了《安全用电很简单》系列科普作品。

本书分为 5 章，首先介绍安全用电常识，然后展示室内家电的安全使用，以及在露营、钓鱼等户外活动中如何安全用电，带您学习家用电器的隐患与风险排查方法，认识触电类型及了解急救方法。

图书在版编目（CIP）数据

安全用电很简单. 家庭用电这样才安全 / 广东省电力科普总队，珠海市电机工程学会编. — 北京：中国电力出版社，2024.6
ISBN 978-7-5198-8944-9

Ⅰ.①安… Ⅱ.①广… ②珠… Ⅲ.①安全用电－普及读物 Ⅳ.① TM92-49

中国国家版本馆 CIP 数据核字（2024）第 105648 号

出版发行：中国电力出版社		印　　刷：北京九天鸿程印刷有限责任公司	
地　　址：北京市东城区北京站西街 19 号		版　　次：2024 年 6 月第一版	
（邮政编码 100005）		印　　次：2024 年 6 月北京第一次印刷	
网　　址：http://www.cepp.sgcc.com.cn		开　　本：889 毫米 × 1194 毫米　20 开本	
责任编辑：王杏芸（010－63412394）		印　　张：2.2	
责任校对：黄　蓓　马　宁		字　　数：53 千字	
装帧设计：赵姗姗		定　　价：18.00 元	
责任印制：杨晓东			

安全用电很简单

家庭用电这样才安全

主　编　曹安瑛　龙建平

副主编　谭文涛　刘　琛

主要编写人

　　　　李　杏　叶智斌　杨继旺　陈　波

　　　　裴仁刚　韦灿炫　陈楚玥　王小春

　　　　黄勇华

绘　图　张敏旋

前言

　　300 多年前，蒸汽机的发明让人类告别了"钻木取火"的农耕文明；200 多年前，爱迪生发明白炽灯，让世界"亮"起来；100 多年前，贝尔发明电话、意大利马可尼发明无线电，让世界"连"起来，从此人类进入电气时代。电点亮了人们夜晚的学习和生活，打开了通向外界的窗户。

　　进入第四次工业革命的我们，电的使用更加充沛和普及。就像离不开空气和水一样，我们须臾离不开电，它不仅是日常生活的基本需求，更是推动社会进步和科技发展的关键动力。电视机、电冰箱、洗衣机等电器的使用，极大地提高了人们的生活质量。电力与互联网、移动通信、人工智能等高科技的融合，推动了社会的快速发展。

　　电能激发万物，但如果我们不摸透它的"脾气"，就会给我们带来危险和灾难。在床上放置插座和使用电器、同时使用多个大功率家用电器、若无其事地使用沾上水的吹风机……这些不安全的用电行为，你曾经有过吗？我们平时常常忽略的安全用电小细节，暗藏着巨大的用电风险。

　　参与编写本书的志愿组织弘扬"奉献、友爱、互助、进步"的志愿精神，凝聚社会各方力量将科普志愿服务融入社会治理创新；电机工程学会作为电力行业权威专业的科技社团，运用专业所长固化科普成果，为社会公众释疑解惑，助力解决社会现实问题。本书在编写过程中得到正高级工程师蔡天机的支持和帮助，在此表示感谢。

为增强大众的安全用电防范意识，了解更多的安全用电知识，放心用好安全电，更好地守护人们的生命财产安全，本书作者历时数月，编写了《安全用电很简单》系列科普作品，其内容丰富、贴近日常生活，集趣味性、实用性、科学性、权威性于一体。

本书重点讲解家庭用电中需要注意的知识，共分为5章，首先介绍安全用电常识，然后展示室内家电的安全使用，以及在露营、钓鱼等户外活动中如何安全用电，带您学习家用电器的隐患与风险排查方法，认识触电类型及了解急救方法。

现代社会，电维系着我们的生活环境，我们离不开电，更要谨慎用电。电的世界我最懂，让电尽其所能！希望通过本书，让我们一起学习用电常识，探索电的奥秘，摸透电的脾气，让它更好地为我们点亮前行的道路，照亮更多美好的瞬间。

编　者

2024 年 6 月

目 录

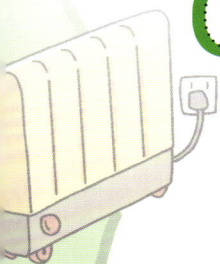

第1章　安全用电常识

很难想象，没有电，我们的生活会变成什么样。日常照明、洗衣做饭、电脑和手机的充电……满足了我们生活中的种种要求，离开了电，这些都"玩不转"了。居家生活中，我们可能会遇到各种用电疑问。今天，让我们走进安全用电基本常识的小课堂，了解更多用电常识。

欢迎来到小惠课堂

一、电流
电源
开关
灯泡

二、电压

安全用电基本知识

电流、电压、功率、电阻等基本概念

负电荷反着电走

正电荷跟着电流方向走

小安安：人们常说的触电是怎么回事？

电机小惠：触电是电击伤的俗称。人体是导电体，电流通过人体时，电流的大小和通过人体的路径不同，人也将会受到不同程度的伤害。那么，当碰到不同大小的电流时，会发生什么情况呢？

电流与人体反应的关系

流过人体的电流（毫安）	人体的反应
0.1~1.5	手指开始感觉发麻
2~3	手指感觉强烈发麻
5~6	手指肌肉痉挛、手指感觉灼热和刺疼
8~10	手指关节与手掌感觉疼痛、手难以脱离电源
20~40	手指感觉剧痛、手不能脱离电源、呼吸开始麻痹、呼吸困难
50~70	呼吸麻痹、呼吸更加困难、心房开始震颤、心房强烈灼痛
80~100	电流持续3秒或更长时间后心脏停搏或心房停止跳动

电流是什么？

在外加电场作用的影响下，金属中的自由电子定向流动，就形成了电流。当人体含水量增加时，身体的电阻就会降低，导电性就更好，电流通过时更加"畅通无阻"，伤害更大。

电压是什么？

小安安：电压和水压是一回事吗？

电机小惠：当水龙头阀门关闭时，水管中有水，但不流动，因此没有水流；当阀门打开时，在水压的作用下，水管中的水发生定向移动形了水流。相似地，在电路中，当开关闭合时，电路中有电荷，但电荷没有定向移动，也就没有电流。当开关闭合时，在电压作用下，电路中的电荷就定向移动形成了电流。高水位的瀑布向悬崖落下，就是水受重力势能的影响形成了压力。比照水压的形成和原理，正电荷和负电荷之间相互吸引，进行定向移动形成电势差，这个"压力"就叫电压。

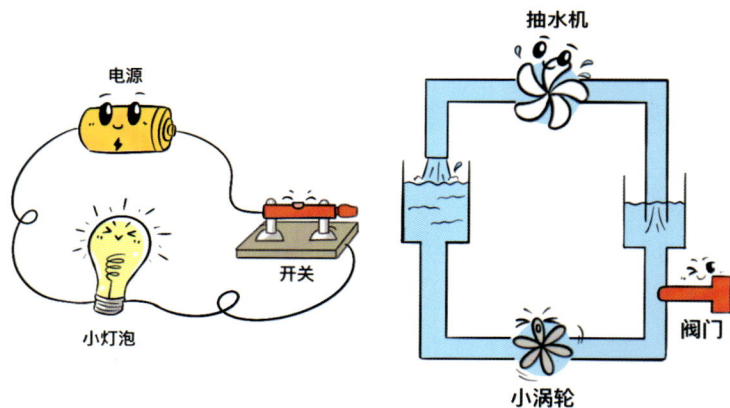

功率是什么？

功率是指物体在单位时间内所做的功的多少，是描述做功快慢的物理量。在电力系统中，功率是电能转化为其他形式能量的速率，是电气设备的重要性能指标之一。

电阻是什么？

顾名思义，电阻就是"电子在导体中传输时遇到的阻力"，也可以理解为"电子在导体中传输时的消耗"。皮肤干燥时，人体电阻可达几千欧姆，而一旦潮湿可降到 1 千欧姆，当皮肤开裂或破损时电阻可降至 300 ~ 500 欧姆，对于超过 100 伏的电压，皮肤电阻几乎为 0 欧姆。人体大致的电阻分布如图所示。

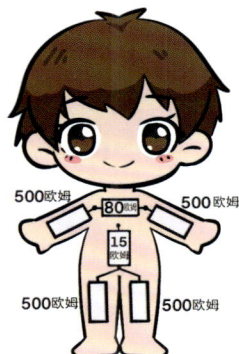

人体电阻分布

1.2 电的危险性和安全用电的重要性

人们的生产和生活都离不开电的使用，但是对人类和许多其他动物来说，电也是很危险的，如果不能正确地认识电、使用电，它也会给我们造成伤害。

不同电流值作用下人体的表现特征

序号	名称	定义	工频交流（毫安）		直流（毫安）
			男	女	
1	感知电流	使人有感觉但不遭受伤害的最小电流	1.1	0.7	5
2	摆脱电流	人体触电后能自主摆脱的最大电流	16	10.5	50
3	致命电流	在较短时间内，危及生命的最小电流	50（1秒）		150（1秒）

（1）过载。车辆有过载的情况时有发生，电路也是同样的，如果实际电流超过了线路的极限电流，就是过载，会引发一系列问题，其中，最明显的是线路发热。如果线路长期过热，会导致电线烧毁，引起火灾。

（2）短路。短路和过载类似，我们可以这样理解，电路中用电器过多，就是过载；电路中没有用电器却有电流，就是短路。

短路会产生上万安培甚至十几万安培的大电流，产生大量的热量，损毁电器设备，同时短路会产生电弧，电弧会将许多元件短时间熔化。同时，短路电流还会产生一定的电磁力，它同样会损坏设备，还可能造成重大火灾及伤害事件。

过载：

漏电：

短路：

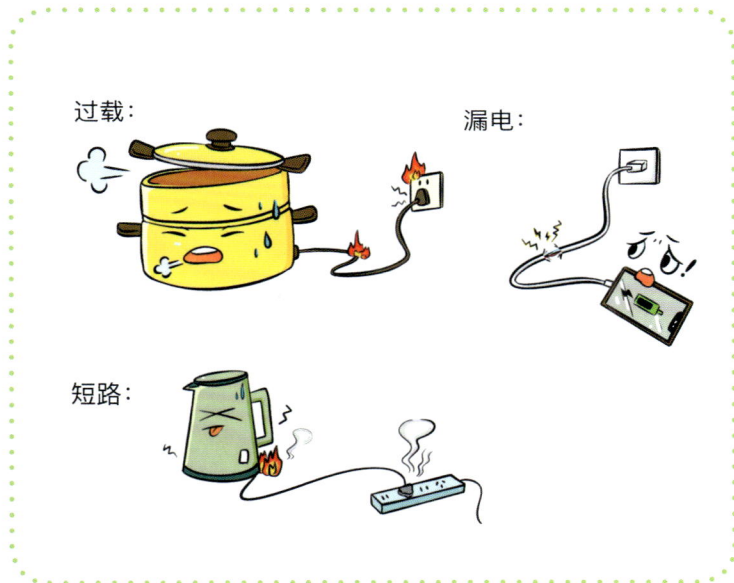

（3）漏电。漏电是很危险的一种情况，伤人的概率最大。漏电是指电路中的电流发生泄漏，或在零、火线没有连接时产生了电流。

漏电一旦发生，轻则烧毁用电器，重则使人触电或引发火灾。

第2章　室内安全用电

　　手机充完电，需要拔掉充电器吗？空调、微波炉可以长期接通电源吗？吹风机进水了，还能继续使用吗？用电安全可不能掉以轻心，需要认真遵守安全使用规则。在使用家用电器时，这些安全注意事项，你都做到了吗？

　　● 在使用家庭电器前，仔细阅读使用说明书，按说明书中的要求与步骤进行操作。

　　● 不让电器长时间连续工作，以免它因过度"劳累"而"不堪重负"。

　　● 不在潮湿或高温高湿环境下使用电器。

　　● 发现电器故障后，不慌张不逞强，及时断电并联系专业人员进行维修。

2.1 室内较大功率家电的安全使用

大功率电器是指直接使用 220 伏交流电、功率大于 1200 瓦的电器。例如，1 台功率为 1200 瓦的电器正常工作 1 小时，那么它的用电量就是 1.2 度。在日常生活中，常见的大功率电器有空调、电冰箱、洗衣机、电热水器、电吹风机、电磁炉、微波炉等。

大功率电器的"脾性"不同，是很有"个性"的，需要"特殊照顾"。

（1）使用专用线路。如果家中同一路开关支线同时使用多台大功率电器，可能引起该分支线超负荷。因此，在用电高峰时间段，大功率电器最好使用专用线路，独立的插座。如果是移动式插座，需要注意连接线不宜过细，插座上的设备用量不宜太多。

（2）定期检修。当电器在使用时出现异味、冒烟等异常情况，一定要立即停用。电器一旦超过使用年限或出现故障，应及时更换。

需要注意的是，因为浴室湿度大，电吹风机长期放在浴室很不安全，电吹风机内部一旦受潮，绝缘装置就有可能失效，甚至连浴室里的水蒸气都能引起导电漏电。倘若电吹风机进水后还在通电，烧红的电热丝会产生热胀冷缩现象，电热丝就会断裂，从而引起触电。

2.2 室内较小功率家电的安全使用

随着人们生活品质的不断提升，小家电已经成为人们生活中不可或缺的一部分。比较常见的小功率家电有电风扇、净水器、空气净化器、剃须刀、美容仪等。我们在使用不同电器之前，要先仔细查看说明书，看清楚它们的电压需求。移动电源温度异常增高时，要迅速断电并放到室外。发现手机等设备充电时出现异常发烫，要马上停止充电。

小安安：天气冷的时候，暖宝宝成了小伙伴们的取暖"神器"，购买和使用小窍门有哪些呢？

电机小惠：最好购买电热丝式热水袋，里面是U形管、圆形管或塑料线圈；暖手宝充电时要放平，不要放在纤维织物和不耐热的物品上；通电状态下千万不要使用暖手宝。

2.3 插座、电源插线板的使用

如何安全使用插座和电源插线板？

避免"小马拉大车" 插座、电源插线板都有一定的负载限制，要在其负载范围内使用电器，过载会造成插座、电源插线板受到损害。不要将空调、微波炉等大功率家用电器，插在额定电流值小的插座上使用。

不要拽电源线 拔插头时不要拽电源线，以免电源线与插头连接处受损而发生短路、漏电，引发火灾和触电事故。

电线不要缠绕在一起 插线板的电线缠绕在一起容易导致电线发热，从而引发火灾。应尽可能将电线散开使用，并确保符合插线板安全标准。

出现异常要更换 如果发现插座、电源插线板出现老化、损坏等现象,应及时更换,以免发生触电和火灾事故。

安全距离要注意 插座、电源插线板与可燃物之间应保持一定的距离，避免过近接触而导致火灾事故。

使用时间莫"霸蛮" 插座、电源插线板在使用一段时间后，可能会出现老化、损坏等问题，应注意及时更换，以免影响安全使用。

插头拔出　插头（动触头）

电弧就出现在这里

插座弹片（静触头）

不要在家电运行时拔插头 当家用电器正在工作时，如果突然拔出插头，可能会产生电弧，引起火灾。

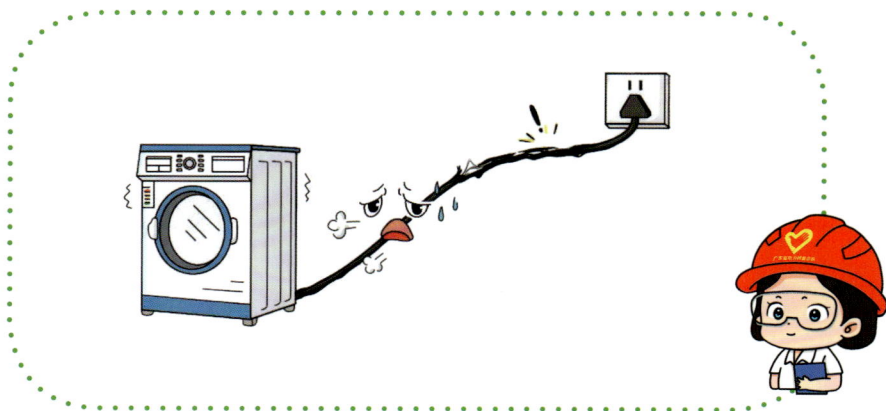

2.4 空气开关和漏电保护开关的使用

　　空气开关和漏电保护开关对于普通家庭非常必要。空气开关也称空气断路器或者简称空开，主要用于防止电路短路或过载时自动切断电源，保护家用电器和人身安全。

　　而漏电保护开关则用于检测电路是否有漏电情况，一旦检测到漏电会自动切断电源，避免触电事故发生。

　　在日常生活中，如果电器出现故障或者使用过程中出现异常，空气开关和漏电保护开关会及时起到保护作用，保障用电安全。

那么，空气开关的操作需要注意什么呢？

（1）确保电路已经断开，也就是电源已经关闭。

（2）检查空气开关的位置。通常，空气开关有两个位置，上（ON）和下（OFF）。将开关的位置调到需要的位置。比如，要开启电路，将开关推到上（ON），如果需要关闭电路，将开关推到下（OFF）。

（3）确保开关已经完全打开或关闭。有时候，开关可能会卡住或卡在一半的位置。这时只需要轻轻用手按压开关，确保开关已经完全打开或关闭即可。

（4）如果需要检查或维修空气开关，一定要先关闭电源并使用绝缘工具。

漏电保护开关的使用

在出现漏电时，漏电保护开关能自动将电源切断，避免触电事故的发生。那么，漏电保护开关的使用方法是什么呢？让我们来学习下。

当漏电保护开关启动保护后，带R的按钮会弹出，合闸前应先按下复位按钮。那怎么使用和辨别漏电开关是好的呢？

（1）合闸前先按下复位按钮（有R字符号）；

（2）漏电保护开关合闸；

（3）按下测试按钮（有Ｔ字符号）；

（4）若开关马上跳闸，表明此漏电开关完好。

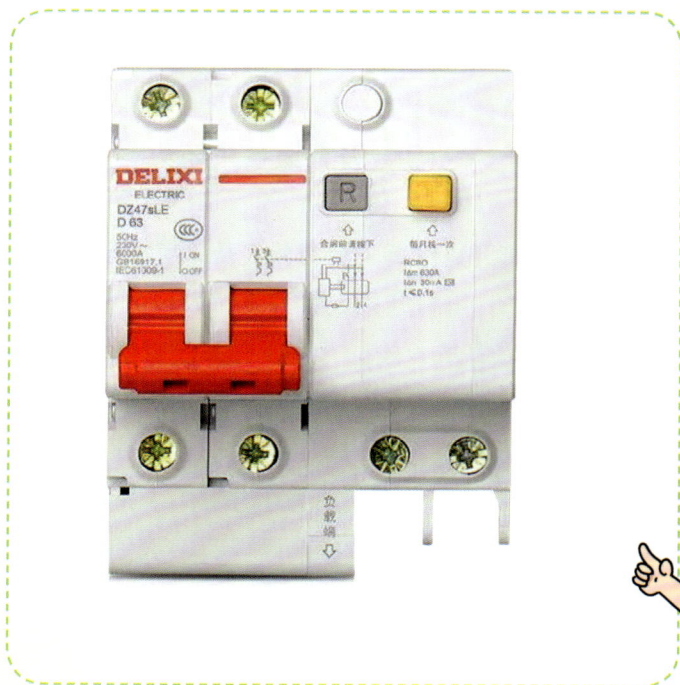

第 3 章　户外安全用电

17

3.1 户外安全用电原则

禁止靠近高压线

禁止天气恶劣时进行户外运动

禁止电器靠近水源和火源

禁止湿手操作电器

禁止使用裸露的电线

　　潮湿多雨的天气下，电气设备绝缘性能下降，暴雨和雷击易引起裸露电线或变压器等电力设施发生短路、放电，引发触电事故。因此，雷雨天应尽量远离电线杆、变压器、配电箱等电力设施，切勿站立于山顶、楼顶或其他接近导电性高的物体。同时，暂停户外用电活动、水上活动和球类运动，确保人身安全。

应使用质量可靠的专业户外电器、合格的延长线或插线板。在使用电器时，要确保手部干燥，并站在干燥的地面上，避免在水中或湿润的环境中操作电器。

不要使用裸露的电线，防止触电事故发生。要确保电线、插头等设备远离水源和火源。特别注意儿童和宠物的安全，千万不要让儿童和宠物接触电线和电器设备。

3.2　露营、彩灯、鱼池用电注意事项

3.2.1　露营用电

小安安：露营的时候，我们带的电器可多了，烧水、煮饭、泡面，感觉可方便了。

电机小惠：露营时，用电的情况会比较多，要特别注意安全。出门前，先检查下带的电器设备是否有异常；帐篷不搭在潮湿、有树根或碎石的地方；使用电器时，确保

手部干燥，避免在帐篷内使用明火。离开营地时，务必关闭所有电器电源，确保用电安全。

3.2.2　彩灯用电

小安安：张灯结彩才更有节日气氛，我要自己动手，张罗起来！

电机小惠：彩灯虽然美丽，但使用时一定要注意安全哦！购买时要选择合格产品，确保彩灯的电线、插头都是质量过硬的。布置时，不要放在易燃物品附近，也不要让彩灯太拥挤，尽量给它们留出"呼吸"的空间，防止过热。小朋友不要单独去操作彩灯，防止意外触电。

活动结束后，记得及时拔掉彩灯的插头，切断电源。彩灯长时间通电、发热，也会带来安全隐患。

3.2.3　鱼池用电

小安安：现在很多鱼塘也有"喷泉"啦！

电机小惠：没错，因为鱼儿需要活水啊。如果我们注意观察的话，很多鱼池周围都设立了警示装置，这样能避免人或动物误入水池，触碰到电线或设备。选择专业鱼池水泵和电器设备，使用防水电缆和插头，确保电器设备具有良好的防水性能，另外需要定期检查线路是否破损、漏电，如有问题，及时进行维修或更换，这样能防止短路和触电事故。渔民们在使用和清洁鱼池时，需要先切断所有电源，并确保手部干燥，避免触电事故。同时应注意不要让电源线接触到水。

3.3 恶劣环境下的用电安全

当心触电

恶劣环境下，更容易引发触电安全事故，因此要特别注意。

打雷闪电时，最好关闭电视、电脑等电子设备，拔掉电源插头，防止雷电伤害。同时，避免在户外使用手机，以免引来雷击。

下暴雨时，应先切断电源，注意不要在水中触摸电器设备，避免触电事故发生。如果家里有漏电保护器，记得及时测试，确保其正常工作。

小笔记（可以写下你的学习心得哦！）

第4章 家用电器风险点和隐患排查

家用电器用电风险点

以下这些家用电器的使用风险点，你都能识别出来吗？

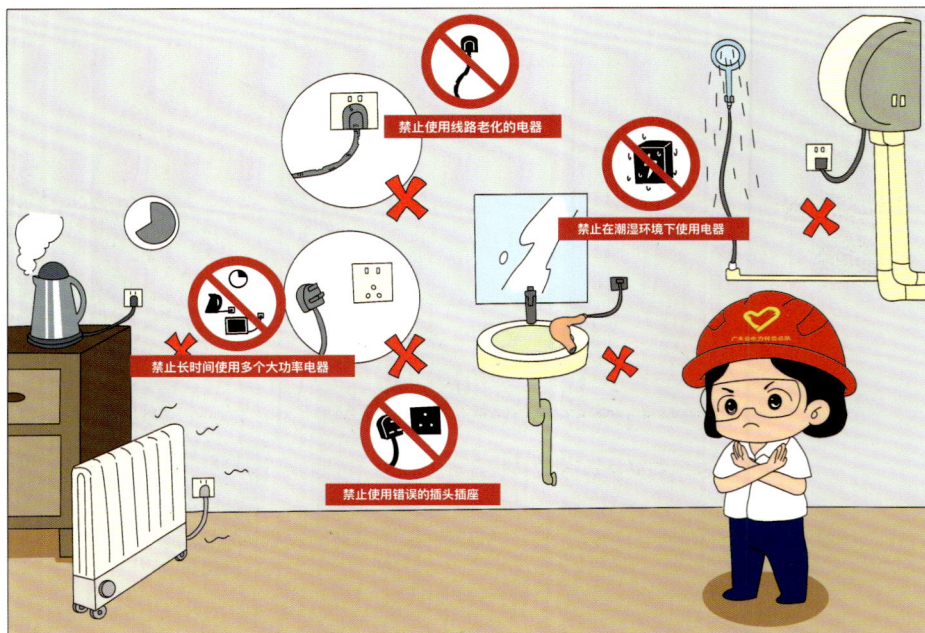

禁止使用线路老化的电器

禁止在潮湿环境下使用电器

禁止长时间使用多个大功率电器

禁止使用错误的插头插座

（1）超负荷使用。长时间使用大功率电器，如电热水壶、电暖气等，可能导致电路超负荷，引发火灾。

（2）长时间待机。有些电器在待机状态下仍会消耗电力，如电视机、路由器等。

（3）潮湿环境。在潮湿的环境中使用电器，如水槽附近、浴室等，可能导致电器短路、漏电，甚至引发触电事故。

（4）线路老化。电器使用时间过长，可能导致线路老化、破损。

（5）插头插座不匹配。使用不合适的插头插座，可能导致电器损坏、触电等事故发生。

4.2　识别常见的电气故障

识别家庭用电常用的电气故障，需要一定的电气知识和实践经验。让我们静下心来，学习一些常见的电气故障及其排除方法吧，说不定你也可以成为家里的用电"小管家"呢。

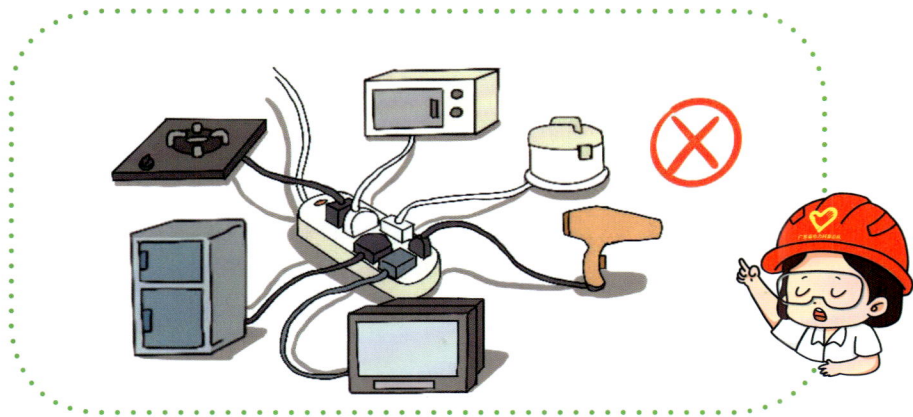

（1）**断电**。如果家中突然停电，可能是因为电路过载、短路或者供电系统故障等原因。应先检查电路保险是否跳闸，如果跳闸，则需要检查电路负荷是否过大或者有短路情况。

（2）**电器无法启动**。如果某个电器无法启动，可能是因为电源故障、电器故障或者电路问题。首先，应检查电源是否正常，然后再检查电器插头和插座是否接触良好，可以尝试把电器换到一个确定正常的插座进行试验，如果仍然无法启动，则可能是电器或电路故障。

（3）**电器发热**。电器在使用过程中如果发热过多，可能是因为过载、短路或者电路问题。先检查电器负荷是否过大，然后再检查电器和电路是否正常，如果仍然发热过多，则可能是电器或电路故障。

（4）**电器漏电**。如果电器漏电，可能会导致触电危险。首先，断开电源，然后检查电器是否损坏或者潮湿，如果仍然漏电，则可能是电器故障。

（5）**插座无电**。如果插座无电，可能是因为电路故障或者插座损坏。应先检查插座是否通电（指示灯），如果不通电则应先检查楼道灯、邻居家是否有电。如果过载保护没有跳闸，则可能是插座损坏。

需要注意的是，处理电器故障时，一定要先断开电源，确保人身安全。只要我们学会观察、分析、检查、试验，就能轻松识别和排除常见的家庭用电电器故障，如果自己无法处理，就要去找专业的电工师傅来帮忙了。

4.3 预防电气火灾

各种电器已经普及到我们的家庭生活中，那么我们如何选电器，才能做到安全用电呢？

（1）选购合格电器。购买电器时，要选择正规厂家生产的合格产品，不要贪图便宜购买质量不过关的电器。

27

（2）合理布局电线。不要私拉乱接电线，避免电线交叉、堆压、磨损等现象出现。同时，使用合适的线径，以承受电器的电流负荷。

（3）定期检查电线电器。定期检查家中的电线、插头、插座等，发现老化、破损、漏电等问题要及时处理。

（4）使用合适的插头插座。使用与电器匹配的插头插座，不要使用破损、变形、接触不良的插头插座。大功率电器尽量使用独立插座，避免与其他电器共用插座。

（5）避免超负荷用电。了解家中电路的负载能力，不要同时使用多个大功率电器，避免超负荷用电。长时间外出时，要关闭电源，防止电器过热引发火灾。

（6）保持干燥清洁。保持家中电器及周边环境干燥、清洁，避免电器在潮湿环境中使用。特别是浴室、厨房等潮湿场所，要使用有防水功能的电器。

第5章　触电急救常识

干木棍

塑料晾衣架

5.1 常见的触电类型和原因

触电是一种非常危险的情况，它会对人体造成严重的伤害，甚至直接导致人死亡。了解常见的触电形式，可以帮助我们更好地保护自己。

在家里，我们可能遇到的触电情况有哪些呢？

最常见的就是用手直接触摸带电物体。例如，在换灯泡或者维修电器的时候，如果没有断电，又不小心接触到带电的金属部分，就会发生触电事故。

电器设备的漏电也是家中常见触电事故的原因之一。我们要及时检查电器设备，避免电路、电线的老化磨损影响它们的绝缘能力。

电吹风机内部一旦受潮，绝缘装置就可能失效，连浴室里的水蒸气都能引起漏电。所以，电吹风机不宜在潮湿环境使用，使用时手要擦干，并在干燥环境下使用。

　　一级警告：千万不能私拉乱接电线！这样会带来电路短路或漏电的超级大风险！

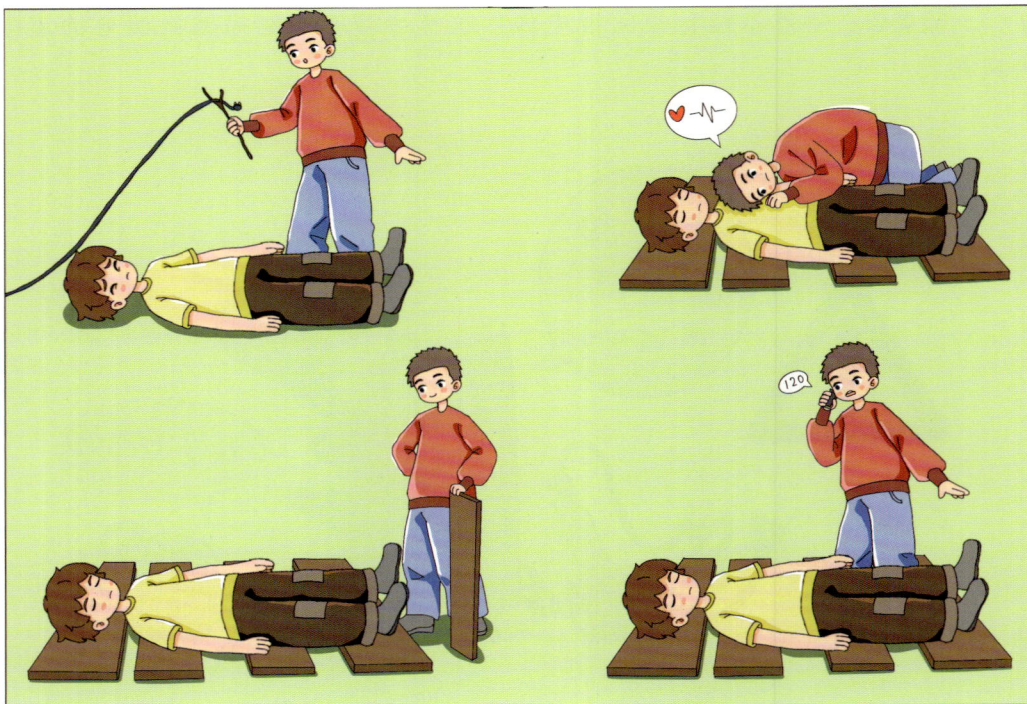

如果身边有人不小心触电，应该采用什么样的方式进行快速有效地应对呢？

快速切断电源。可就近拉下电源开关，拔出插销或保险，切断电源；或者可用带有绝缘柄的利器切断电源线；找不到开关或插头时，可用干燥的木棒、竹竿等绝缘体将电线拨开，使触电者脱离电源。要灵活运用各种方法，快速果断地切断电源。

可用干燥的木板垫在触电者的身体下面，使其与地绝缘。如遇高压触电事故，应立即通知有关部门给予停电处理。如果触电者身体压在电源线上，应尽快用干燥的绝缘棉衣或棉被，将其拉开，切记千万不要直接碰触电者。

脱离电源后，第一时间确认触电者的呼吸心跳状况。若触电者呼吸和心跳均未停止，此时应将触电者就地躺平，安静休息，不要让触电者走动，并给予心理安慰，严密观察呼吸和心跳的变化；若触电者呼吸和心跳停止，应立即按心肺复苏方法进行抢救；若有烧伤应适当包扎。在抢救高压电线触电患者时，要注意保护，不要让其跌落地面，并尽快拨打 120 急救电话，将伤者立即送往医院抢救。

5.3　家庭常备应急器材清单

为了应对各种危急的特殊情况，我们应该在家里常备一些急救器材，可以准备以下物品：

序号	物品名称	备注
1	饮用水	保障每人 3 天基本饮水需求，至少 3 升／人
2	方便食品	保障每人 3 天基本食物需求。方便食品体积小、热量高，如巧克力、肉类罐头、压缩饼干等
3	灭火器和灭火毯	灭火器是用于初起火灾的扑救；灭火毯可披覆在身上逃生或用于扑灭灶具着火等小型火源，起隔离热源及火焰作用。建议存放在灶具附近的明显位置

序号	物品名称	备 注
4	呼吸面罩	每人1个。消防过滤式自救呼吸器,用于火灾逃生使用。建议存放在房门等逃生必经处的明显位置
5	手电筒	防水防爆手电筒。定期充电或更换电池。建议存放在床头
6	多功能小刀	有刀锯、螺丝刀、钢钳等组合功能,质量过硬。建议存放在应急包内
7	收音机	接收应急广播使用。定期充电或更换电池。建议存放在应急包内
8	救生哨子	建议选择无核产品,可吹出高频求救信号。建议存放在应急包内
9	外用药品	止血粉、止血贴、纱布绷带、棉球、碘伏棉棒等,用于处理伤口、消毒杀菌。建议存放在应急包内
10	消毒湿纸巾	用于个人卫生清洁。建议存放在应急包内
11	医用外科口罩	病毒防护。建议存放在应急包内